CADERNO DE ATIVIDADES

3

Organizadora: Editora Moderna
Obra coletiva concebida, desenvolvida
e produzida pela Editora Moderna.

Editor Executivo:
Cesar Brumini Dellore

NOME: ....
....TURMA: ....
ESCOLA: ....
....

1ª edição

© Editora Moderna, 2019

Elaboração de originais:

Flávia de Oliveira Dal Bello
Bacharel e licenciada em Geografia pela Universidade de São Paulo.
Especialista em Globalização e Cultura pela Fundação Escola de Sociologia e Política de São Paulo.
Professora da rede particular, editora.

Coordenação editorial: César Brumini Dellore
Edição de texto: Ofício do Texto Projetos Editoriais
Assistência editorial: Ofício do Texto Projetos Editoriais
Gerência de *design* e produção gráfica: Everson de Paula
Coordenação de produção: Patricia Costa
Suporte administrativo editorial: Maria de Lourdes Rodrigues
Coordenação de *design* e projetos visuais: Marta Cerqueira Leite
Projeto gráfico: Adriano Moreno Barbosa, Daniel Messias, Mariza de Souza Porto
Capa: Bruno Tonel
    Ilustração: Raul Aguiar
Coordenação de arte: Wilson Gazzoni Agostinho
Edição de arte: Teclas Editorial
Editoração eletrônica: Teclas Editorial
Coordenação de revisão: Elaine Cristina del Nero
Revisão: Ofício do Texto Projetos Editoriais
Coordenação de pesquisa iconográfica: Luciano Baneza Gabarron
Pesquisa iconográfica: Ofício do Texto Projetos Editoriais
Coordenação de *bureau*: Rubens M. Rodrigues
Tratamento de imagens: Fernando Bertolo, Joel Aparecido, Luiz Carlos Costa, Marina M. Buzzinaro
Pré-impressão: Alexandre Petreca, Everton L. de Oliveira, Marcio H. Kamoto, Vitória Sousa
Coordenação de produção industrial: Wendell Monteiro
Impressão e acabamento: HRosa Gráfica e Editora
Lote: 287966

Dados Internacionais de Catalogação na Publicação (CIP)
(Câmara Brasileira do Livro, SP, Brasil)

Buriti plus geografia : caderno de atividades / organizadora Editora Moderna ; obra coletiva concebida, desenvolvida e produzida pela Editora Moderna ; editor executivo Cesar Brumini Dellore. – 1. ed. – São Paulo : Moderna, 2019. – (Projeto Buriti)

Obra em 4 v. para alunos do 2º ao 5º ano.

1. Geografia (Ensino fundamental) I. Dellore, Cesar Brumini. II. Série.

19-23376   CDD-372.891

Índices para catálogo sistemático:
1. Geografia : Ensino fundamental 372.891

Maria Alice Ferreira — Bibliotecária — CRB-8/7964

ISBN 978-85-16-11749-8 (LA)
ISBN 978-85-16-11750-4 (LP)

Reprodução proibida. Art. 184 do Código Penal e Lei 9.610 de 19 de fevereiro de 1998.
Todos os direitos reservados
EDITORA MODERNA LTDA.
Rua Padre Adelino, 758 – Belenzinho
São Paulo – SP – Brasil – CEP 03303-904
Vendas e Atendimento: Tel. (0_ _11) 2602-5510
Fax (0_ _11) 2790-1501
www.moderna.com.br
2020
Impresso no Brasil

1 3 5 7 9 10 8 6 4 2

Apresentação

Fizemos este *Caderno de Atividades* para que você tenha a oportunidade de reforçar ainda mais seus conhecimentos em Geografia.

No início de cada unidade, na seção **Lembretes**, há um resumo do conteúdo explorado nas atividades, que aparecem em seguida.

As atividades são variadas e distribuídas em quatro unidades, planejadas para auxiliar você a aprofundar o aprendizado.

Bom trabalho!

Os editores

Sumário

Unidade 1 • A paisagem 5
Lembretes 5
Atividades 7

Unidade 2 • O espaço rural 15
Lembretes 15
Atividades 17

Unidade 3 • O espaço urbano 27
Lembretes 27
Atividades 29

Unidade 4 • Cuidados com a natureza e seus recursos 38
Lembretes 38
Atividades 42

Estação de tratamento de esgoto no município do Rio de Janeiro, estado do Rio de Janeiro, em 2015.

UNIDADE 1 — A paisagem

Lembretes

A paisagem e seus elementos

- Paisagem é tudo o que podemos ver e perceber no espaço.
- Os elementos que constituem a paisagem podem ser **naturais** ou **culturais**.

Paisagem onde predominam elementos naturais (A) e paisagem onde predominam elementos culturais (B).

→ Os elementos naturais são formados pela natureza, como rios, montanhas, mar, vegetação original, entre outros.

→ Os elementos culturais são criados pelos seres humanos, como casas, prédios, plantações, estradas, pontes etc.

As paisagens são transformadas

- As paisagens estão sempre sendo transformadas.
- As paisagens podem ser transformadas pela **ação da natureza**.

→ O vento e a água desgastam os materiais que compõem as rochas, acumulando-os em outros pontos da superfície terrestre.

→ As erupções vulcânicas e os terremotos podem provocar aberturas, elevações ou rebaixamentos na superfície terrestre.

→ Os tremores causados por um terremoto também podem destruir construções e modificar a paisagem.

A erupção de um vulcão pode transformar a paisagem.

- As paisagens também podem ser transformadas pela **ação humana**.
    → Para atender às suas necessidades, as pessoas retiram a vegetação, mudam o curso de um rio, plantam alimentos, criam animais, constroem casas, estradas, hospitais, ruas etc.

Representando a paisagem

- Além da visão frontal, a paisagem pode ser representada em **visão oblíqua** e em **visão vertical**.
    → Visão oblíqua é aquela em que um objeto ou lugar é visto de cima e de lado.
    → Visão vertical é aquela em que um objeto ou lugar é visto de cima.

Visão oblíqua.   Visão vertical.

- **Planta** é a representação de um lugar em visão vertical. Na planta, os elementos são representados por meio de símbolos e cores e a legenda apresenta o significado das cores e dos símbolos utilizados.

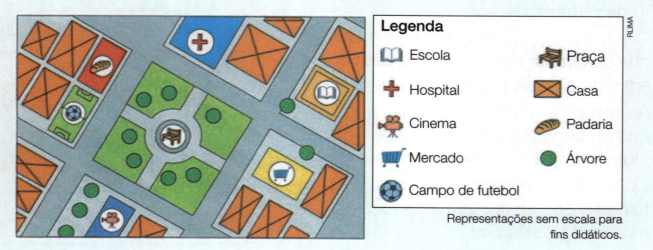

Representações sem escala para fins didáticos.

6

Atividades

1 Liste dois elementos naturais e dois elementos culturais da paisagem do lugar onde você vive.

_____

_____

_____

_____

2 Desenhe a paisagem da rua onde fica sua escola.

3 Complete as frases com as palavras do quadro a seguir.

culturais	rios	plantações	naturais	casas	árvores

As paisagens são formadas por elementos _____,

como montanhas, _____ e _____, e por

elementos _____, como _____,

ruas e _____.

4 Assinale **N** para as paisagens em que predominam os elementos naturais e **C** para as paisagens em que predominam os elementos culturais.

Paisagem no município de Alto Paraíso de Goiás, estado de Goiás, em 2017.

Paisagem no município de Salvador, estado da Bahia, em 2017.

Paisagem nos Estados Unidos, em 2017.

Paisagem na Tailândia, em 2016.

5 Cite alguns elementos naturais e culturais que podem ser observados nas paisagens da atividade anterior.

Elementos naturais	Elementos culturais

6 As fotografias a seguir retratam o mesmo lugar em dois momentos diferentes. Compare as imagens e responda às questões.

Paisagem da cidade de Natal, capital do estado do Rio Grande do Norte, em 1930.

Paisagem da cidade de Natal, em 2018.

a) O que mudou na paisagem desse lugar?

_____
_____
_____

b) O que não mudou na paisagem?

_____
_____

c) Em sua opinião, por que as mudanças observadas ocorreram na paisagem desse lugar?

_____
_____
_____

7 Leia o relato a seguir e, depois, faça dois desenhos para representar como você imagina que era a paisagem desse lugar antes e depois das mudanças descritas.

Antigamente, no bairro da Roseira, havia muito mais árvores e nenhum prédio, apenas casas. O supermercado da esquina era uma fábrica e a ponte sobre o rio era de madeira e bem mais estreita do que a atual, só passava um carro de cada vez.

Antes

Depois

8. Explique como a ação da água pode alterar a paisagem deste lugar.

Paisagem no município de Prado, estado da Bahia, em 2017.

_____
_____
_____

9. Classifique cada frase abaixo em verdadeira (**V**) ou falsa (**F**).

☐ O trabalho humano modifica a paisagem.

☐ A chuva e o vento podem modificar a paisagem ao longo de milhares de anos.

☐ Uma área de cultivo, como uma plantação de cana-de-açúcar, apresenta apenas elementos naturais.

☐ Árvores são elementos naturais.

☐ Nas grandes cidades, predominam na paisagem os elementos naturais.

- Reescreva as frases que você classificou como falsas, corrigindo-as.

_____
_____
_____

11

10. Observe as imagens e numere-as para indicar a sequência em que a paisagem representada foi transformada no decorrer do tempo. Depois, responda às questões.

a) O que mudou na paisagem representada?

_____
_____
_____
_____

b) O que permaneceu na paisagem representada?

_____
_____
_____
_____

11. Complete as frases com as palavras a seguir.

> vertical   oblíqua

a) Na visão _____ observamos um objeto ou uma paisagem de cima e de lado.

b) Na visão _____ observamos um objeto ou uma paisagem de cima.

12 Observe as imagens e responda às questões a seguir.

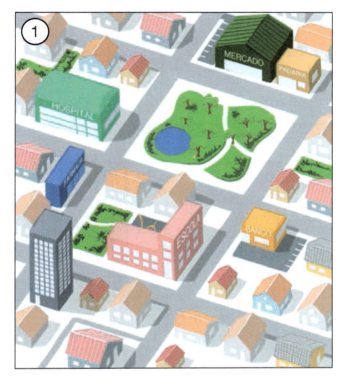 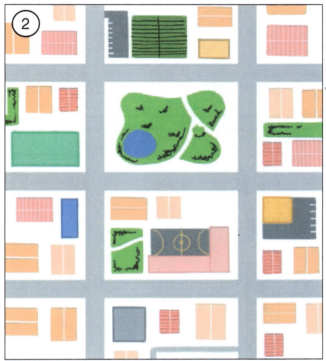

a) Qual imagem representa a paisagem em visão vertical? E em visão oblíqua?

_____

_____

b) As duas imagens representam o mesmo lugar? Qual é a diferença entre elas?

_____

_____

_____

13 Explique o que é uma planta cartográfica.

_____

_____

14 Qual é a função da legenda de uma planta cartográfica?

_____

_____

15 Complete a legenda da planta a seguir.

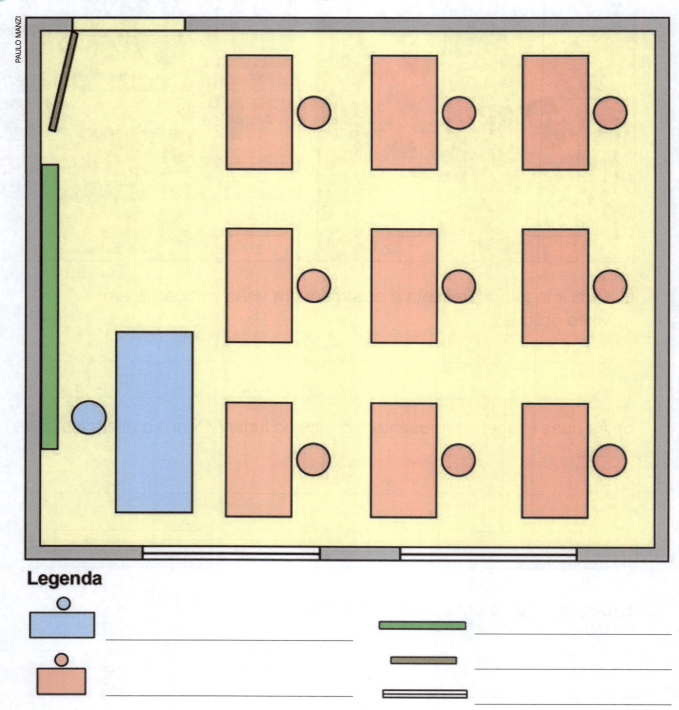

UNIDADE 2 — O espaço rural

Lembretes

A paisagem e a vida no campo

- Na **paisagem do campo** há poucas construções e, geralmente, elas estão dispersas.
    - → No campo, há poucas lojas, fábricas e hospitais, por exemplo.
- A forma de organização do espaço no campo é diferente da forma como o espaço é organizado na cidade.
    - → Predominam plantações, pastagens e áreas de vegetação natural.
    - → Há pouca concentração de pessoas e de veículos.
- No campo, muitas atividades de trabalho estão ligadas ao **ritmo da natureza**.
    - → Há o tempo certo para plantar e para colher, por exemplo.
- **Unidade de conservação** é uma área de proteção ambiental instituída pelos governos.
- Os proprietários rurais também podem criar uma unidade de conservação em suas terras para preservar as vegetações naturais. Esse tipo de unidade de conservação é chamado de **reserva particular do patrimônio natural**.
    - → Os objetivos de uma reserva particular do patrimônio natural (RPPN) são:
        - preservar parte da vegetação nativa;
        - assegurar o uso sustentável de seus recursos;
        - recuperar áreas degradadas;
        - conservar a biodiversidade.

Vista de área rural no município de Nazaré, estado da Bahia, em 2016.

O trabalho no campo

- As principais atividades econômicas desenvolvidas no campo são a agricultura, a pecuária e o extrativismo.
- **Agricultura** é a atividade econômica de cultivo da terra.
    - Essa atividade envolve: preparar o solo, semear e colher o que foi produzido.
- Alguns produtos agrícolas são consumidos *in natura*, ou seja, sem passar por uma transformação na indústria, enquanto outros são transformados em alimentos industrializados.
- A **pecuária** é a atividade econômica de criação e reprodução de animais.
    - Essa atividade fornece alimentos e matérias-primas para a fabricação de produtos industrializados.
- O **extrativismo** é a atividade econômica de extração ou coleta de recursos naturais para fins comerciais ou industriais.
- O extrativismo pode ser:
    - mineral: extração de recursos minerais, como minério de ferro, cobre e ouro.
    - vegetal: extração de madeira, folhas, frutos e outros elementos das plantas.
    - animal: atividades de pesca e de caça.

Criação de porcos no município de Ortigueira, estado do Paraná, em 2016.

Atividades

1. Observe as imagens e faça o que se pede.

Paisagem no município de Rosário do Ivaí, estado do Paraná, em 2017.

Paisagem no município de Sorocaba, estado de São Paulo, em 2017.

a) Qual fotografia retrata uma paisagem rural?

_____

b) Liste os elementos da paisagem que a caracterizam como rural.

_____

_____

2. No diagrama a seguir, encontre quatro palavras relativas ao espaço rural.

P	E	C	U	Á	R	I	A	U	A	I	C	O	B	U	E	S	A
T	U	G	I	O	T	A	P	T	B	I	A	C	O	L	Ã	Í	U
F	L	U	V	A	P	L	A	N	T	A	Ç	Õ	E	S	E	T	E
I	N	S	I	D	M	F	A	Z	E	N	D	A	O	U	A	I	L
G	I	G	A	N	O	E	L	E	N	T	O	D	I	O	U	O	B

- Escolha uma das palavras do diagrama e forme uma frase com ela.

_____

3 Observe as imagens a seguir e responda às questões.

ILUSTRAÇÕES: CECILIA IWASHITA

a) Como é a paisagem do lugar onde Clara mora?
_____

b) Liste os elementos presentes nessa paisagem.
_____
_____

c) Quais atividades de Clara foram representadas?
_____
_____

4 Ligue as imagens às frases correspondentes.

Paisagem no município de Londrina, estado do Paraná, em 2016.

| Nesta paisagem predominam plantações e áreas de matas. | Nesta paisagem há maior concentração de pessoas e construções. | Nesta paisagem predominam a atividade agrícola e a preservação ambiental. |

Paisagem no município de Sorocaba, estado de São Paulo, em 2017.

5. Observe as imagens a seguir. Elas representam o mesmo lugar.

Vista de área rural no município de Itajaí, estado de Santa Catarina, em 2017.

- Agora, complete a legenda da planta com os significados dos símbolos e das cores que faltam.

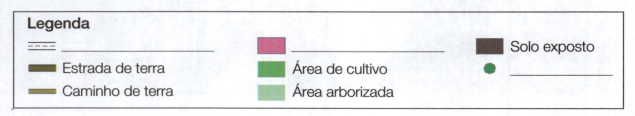

6 Sobre a paisagem da área rural de Itajaí, assinale a frase incorreta.

☐ Na paisagem é possível identificar mais áreas construídas do que áreas de cultivo.

☐ A foto do município de Itajaí está em visão vertical.

☐ As áreas de cultivo e a dispersão das construções indicam que se trata de uma paisagem rural.

• Agora, reescreva a frase incorreta, corrigindo-a.

_____

_____

7 Escolha as palavras do quadro a seguir que completam corretamente a frase.

| campo | cidade | natureza | tempo |

• As atividades de trabalho no _____ estão ligadas

ao ritmo da _____.

8 Explique por que as condições naturais são muito importantes para o desenvolvimento da agricultura.

_____

_____

9 Explique o que são produtos *in natura*.

_____

_____

10 Desembaralhe as letras para formar a palavra que significa a atividade econômica de criação e reprodução de animais.

R A P Á C I U E   _____

11 Pinte o desenho que representa a exposição de um produto que costuma ser produzido no campo.

a)
b)

12 Preencha a cruzadinha com as palavras que completam as frases.

a) Unidade de _____ é uma área de proteção ambiental instituída pelos governos.

b) A sigla RPPN significa _____ particular do patrimônio natural.

c) Um dos objetivos da reserva particular do patrimônio natural é assegurar o uso _____ de seus recursos.

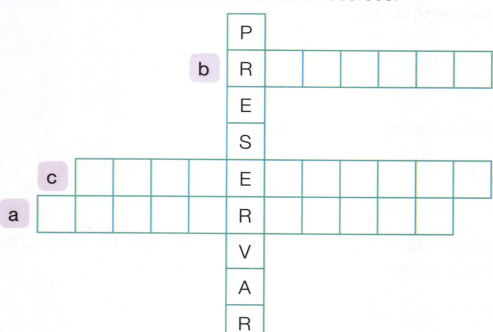

13 Assinale as ilustrações que representam atividades que costumam ser realizadas no campo.

14 Complete o esquema.

Principais atividades econômicas do campo

_____   Pecuária   _____

15 Faça um desenho para representar uma etapa da atividade agrícola.

- Qual etapa você representou?

_____

_____

16 Ligue cada matéria-prima ao produto industrializado que pode ser fabricado a partir de sua transformação.

Peixe.

Leite.

Tomate.

Cacau.

17 Liste três alimentos obtidos da pecuária.

_____

_____

18 Marque com um X a imagem que representa um produto resultante da transformação de uma matéria-prima obtida da pecuária.

- Qual foi a matéria-prima utilizada na fabricação desse produto?

_____

19 Classifique cada frase a seguir em verdadeira (**V**) ou falsa (**F**).

Extrativismo é a atividade econômica de extração ou coleta de recursos naturais para fins comerciais ou industriais.

A extração de madeira é uma atividade extrativista mineral.

A pesca e a caça de animais constituem atividades extrativistas animais.

A extração de recursos minerais é considerada uma atividade extrativista vegetal.

- Reescreva as frases que você assinalou como falsas, corrigindo-as.

_____

_____

_____

20 Observe o que há na geladeira e preencha o quadro a seguir, classificando o que foi produzido ou fornecido pelas atividades da agricultura, da pecuária e do extrativismo.

Agricultura	Pecuária	Extrativismo

UNIDADE 3 — O espaço urbano

Lembretes

A paisagem e a vida na cidade

- A **cidade** é o espaço da aglomeração, da concentração de construções, de pessoas e de atividades econômicas diversificadas.

- Na **paisagem urbana**, observam-se poucos elementos da natureza em sua forma original, pois a maior parte deles foi retirada ou transformada pelo trabalho humano.

- É possível reconhecer uma paisagem urbana a partir de uma imagem em visão vertical ou de sua planta devido à **predominância de elementos culturais**.

A vida na cidade

- O ritmo de vida na cidade é mais agitado do que no campo.

- As atividades de trabalho urbanas não dependem do ritmo da natureza.

- Em diversas cidades há muitas opções de atividades de lazer.

- As cidades podem apresentar concentração de **migrantes**, ou seja, pessoas que vieram de outras cidades, estados ou países.
  - → É possível perceber a influência de alguns grupos de migrantes nas construções, nos hábitos alimentares e nas festas culturais que acontecem nas cidades.

As cidades têm história

- Conhecer a história de uma cidade é saber como ela se originou e quais mudanças nela ocorreram. Muitas transformações acontecem no espaço urbano ao longo do tempo.
  - → Quando as cidades crescem, surgem novos bairros e o número de construções aumenta.
  - → Alguns locais ou construções das cidades podem desaparecer e dar lugar a outros ou mudar de função.

- Alguns locais e construções urbanos têm valor simbólico para determinados grupos sociais e são reconhecidos como **patrimônios culturais**.

O trabalho na cidade

- As principais atividades econômicas desenvolvidas nas cidades são a indústria, o comércio e a prestação de serviços.
- Nas **indústrias**, os **operários** transformam as matérias-primas em diversos produtos.
- O **comércio** consiste na atividade de compra e venda de mercadorias.
  - Os **consumidores** são as pessoas que compram as mercadorias para o próprio consumo.
  - Os **comerciantes** são as pessoas que vendem as mercadorias para os consumidores.
- Os serviços são atividades prestadas para uma pessoa ou empresa.
  - Nessa atividade, não há produção de mercadorias nem de bens materiais.
  - Os trabalhadores dessa atividade são chamados de **prestadores de serviços**.
- Serviços públicos são os serviços essenciais à vida das pessoas, pois lhes asseguram bem-estar e conforto. Alguns serviços públicos são o abastecimento de água tratada, a coleta de lixo e de esgoto e atividades de lazer e cultura.
- **A cidade e o campo se relacionam constantemente**, com troca de produtos e serviços.
  - Os moradores do campo utilizam diversos serviços e produtos fabricados na cidade.
  - O campo fornece alimentos aos moradores da cidade e matérias-primas às indústrias.

Frutas produzidas no campo são vendidas por comerciantes nas cidades. Na foto, feira livre na cidade de São Paulo, estado de São Paulo, em 2016.

Atividades

1. Complete os esquemas a seguir.

| É o espaço da dispersão, da baixa concentração de construções, de pessoas e de veículos. | É o espaço da aglomeração, da concentração de construções e de pessoas. |

⬇ ⬇

_____   _____

2. Observe a imagem ao lado e responda às questões.

Cidade de Goiânia, estado de Goiás, em 2015.

a) Qual é o nome da cidade retratada na foto?

_____

b) Cite três elementos que você identifica na paisagem retratada na foto.

_____
_____

c) Por que há poucos elementos naturais nessa paisagem?

_____
_____

d) O que as cidades costumam ter em comum?

_____
_____
_____

29

3) Escolha as palavras do quadro abaixo que completam corretamente a frase a seguir.

> humana   paisagem   natural   natureza

Na paisagem urbana quase não se observam os elementos da _____ em sua forma original. Por isso, dizemos que a cidade é uma construção _____.

4) Escreva as mudanças que ocorreram nas paisagens representadas a seguir.

_____

_____
_____

5) Observe a planta a seguir e responda às questões.

a) A planta representa uma paisagem do campo ou da cidade? Explique sua resposta.

_____

_____

b) Nessa planta há a representação de um caminho. Escreva os elementos que podem ser encontrados nele.

_____

_____

6) Reescreva a frase abaixo, corrigindo o erro que ela apresenta.
O ritmo de vida no campo é mais agitado do que na cidade.

_____

_____

7. Leve Raul até as atividades de lazer que ele poderá encontrar em uma cidade.

8. Como é chamado o grupo de pessoas que vive em uma cidade, mas é proveniente de outras cidades, estados ou países?

_____

9) Observe as imagens a seguir e responda às questões.

Avenida em Manaus, no estado do Amazonas, em 1968.

A mesma avenida em Manaus, em 2019.

a) Quanto tempo se passou entre a data da primeira e a data da segunda foto?

_____

b) Quais mudanças ocorreram na paisagem dessa cidade?

_____

_____

c) Algum elemento permaneceu na paisagem? Se sim, qual?

_____

10 Observe as imagens, leia as legendas e responda às questões.

Construção feita para instalação militar. Cidade de Curitiba, no estado do Paraná, no começo do século XX.

Atualmente, o prédio antigo abriga um *shopping center*. Cidade de Curitiba, no estado do Paraná, em 2019.

- Qual era a função do prédio retratado no passado? E atualmente?

_____

_____

11 Marque com um X a frase correta.

☐ Patrimônio cultural é o nome dado aos locais e às construções que possuem valor simbólico para determinados grupos.

☐ Patrimônio cultural refere-se às pessoas que vivem em um determinado lugar, mas que são de outro município, estado ou país.

12 Circule as principais atividades econômicas desenvolvidas em cidades.

Pecuária   Extrativismo   Indústria

Agricultura   Prestação de serviços   Comércio

34

13 Numere as imagens a seguir para indicar a sequência das etapas da produção de latas de molho de tomate. Em seguida, complete as legendas de cada figura com as palavras que faltam.

Plantação de tomates no

_____

Molho de tomate à venda na prateleira de um

_____

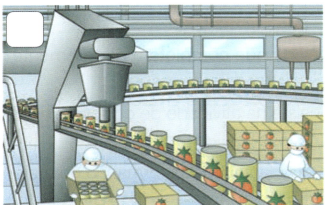

Molho de tomate sendo produzido em uma

_____

_____ de tomates *in natura*.

14 Complete o quadro com a matéria-prima ou o produto fabricado.

Matéria-prima	Produto industrializado
Trigo	Macarrão
	Papel
Leite	

15 Pinte as imagens que representam profissionais que prestam serviços.

16 Preencha a cruzadinha com as palavras que completam corretamente as frases.

a) O _____ consiste na atividade de compra e venda de mercadorias.

b) A _____ é a atividade de transformação de matérias--primas em produtos industrializados.

c) _____ são atividades prestadas para uma pessoa ou empresa sem que haja a produção de mercadorias ou de bens materiais.

a) C ☐ ☐ ☐ ☐ ☐ ☐ ☐
b) I ☐ ☐ ☐ ☐ ☐ ☐ ☐
   D
   A
   D
c) E ☐ ☐ ☐ ☐ ☐

17 Encontre as peças que se encaixam para formar três afirmativas corretas.

Os operários trabalham

vendem as mercadorias para os consumidores.

na indústria, transformando matérias-primas em produtos.

não realizam a produção nem a venda de bens materiais.

Os prestadores de serviços

Os comerciantes

FERNANDO JOSÉ FERREIRA

• Agora, copie essas afirmativas.

_____

_____

_____

_____

_____

_____

18 Explique a frase a abaixo.

> A cidade e o campo se relacionam constantemente com a troca de produtos e serviços.

_____

_____

_____

_____

_____

UNIDADE 4 — Cuidados com a natureza e seus recursos

Lembretes

As pessoas utilizam recursos da natureza

- **Recurso natural** é tudo o que está na natureza e pode ser utilizado para atender às necessidades das pessoas.
  - A água, o ar, o solo, a vegetação e os minérios são exemplos de recursos naturais.

- Os recursos naturais podem ser renováveis ou não renováveis.
  - **Recursos naturais renováveis**: são aqueles que se renovam naturalmente ou por meio da ação humana.
  - **Recursos naturais não renováveis**: são aqueles que não se renovam naturalmente, nem podem ser repostos ou reproduzidos pela ação humana, podendo se esgotar.

- Por meio do **trabalho**, as pessoas **transformam** os recursos da natureza em produtos que atendam às necessidades da população.
  - Para fabricar qualquer produto, as pessoas utilizam os recursos da natureza. Por isso, quanto mais produtos são fabricados, mais recursos são retirados da natureza.

- Os povos indígenas, os castanheiros, os seringueiros e os ribeirinhos são denominados **povos da floresta**.
  - Os povos da floresta, por terem seu modo de vida adaptado às condições naturais do meio em que vivem, praticam suas atividades gerando poucos impactos ambientais e preservando a natureza.

Seringueiro extraindo látex em floresta no município de Tarauacá, estado do Acre, em 2017.

- As comunidades **quilombolas** abrigam os descendentes dos africanos escravizados, que vieram para o Brasil há cerca de 400 anos, e mantêm os costumes de seus antepassados.
  - → As comunidades quilombolas têm características próprias, mas a maioria pratica a agricultura familiar, a pesca e a extração de recursos da natureza.
- As comunidades que vivem no litoral dos estados de São Paulo, Paraná e Rio de Janeiro são conhecidas como **caiçaras**.
  - → As comunidades caiçaras praticam a pesca artesanal não predatória, obtendo a maior parte do alimento para consumo próprio e para a venda.

Água: usar bem para ter sempre

- A água é um recurso natural essencial aos seres vivos.
- A maior parte da água que abastece a população vem dos rios.
- É importante cuidar dos rios, evitando que suas águas sejam poluídas ou contaminadas, e ter atitudes que evitem o desperdício de água.
- A água retirada dos rios para abastecer a população precisa ser tratada antes de ser consumida.
  - → Nas **estações de tratamento**, as impurezas da água são eliminadas com a aplicação de produtos químicos e a realização de várias filtragens.
  - → A água limpa é armazenada em **reservatórios** para, finalmente, ser distribuída para a população.
- O **esgoto** é formado pela água suja e pelos dejetos produzidos nas moradias, nos estabelecimentos comerciais, nas indústrias e nas escolas, por exemplo.
  - → Para evitar a contaminação da água dos rios e dos mares, o esgoto deve ser coletado e destinado às estações de tratamento.

Estação de tratamento de esgoto no município do Rio de Janeiro, estado do Rio de Janeiro, em 2015.

A degradação ambiental no campo e na cidade

- As atividades humanas praticadas no campo podem causar problemas ambientais.

  → O **desmatamento** é responsável pelo desaparecimento de muitas espécies vegetais e pela destruição do *hábitat* de diversos animais, podendo levá-los à extinção.

  → A **destruição do solo** pode ser causada pelo desmatamento e pelo uso constante de máquinas na agricultura, que contribuem para a erosão.

  → O **assoreamento dos rios** é o acúmulo de terra, areia e outros materiais no leito de um rio, provocado pela retirada da mata ciliar.

  → A **poluição dos rios** é causada principalmente pelo uso intenso de produtos químicos nas plantações e por substâncias nocivas utilizadas no extrativismo mineral.

  → O **extrativismo mineral** provoca o desmatamento e gera uma grande quantidade de resíduos, também chamados de rejeitos.

- A concentração de pessoas e de veículos e as atividades humanas praticadas na cidade podem causar problemas ambientais.

  → A **poluição do ar**, provocada pela grande quantidade de poluentes lançada pelos escapamentos dos veículos e pelas chaminés das fábricas, pode comprometer a qualidade do ar.

  → A **poluição da água** é provocada pelo despejo de esgoto sem tratamento e de lixo nos rios.

  → A **poluição visual** e a **sonora**, provocadas pela grande quantidade de cartazes, anúncios luminosos, ruídos de buzinas, motores e máquinas, podem causar problemas à saúde das pessoas.

  → A grande quantidade de **lixo** depositada de maneira inadequada em lixões a céu aberto contamina o solo e atrai insetos e animais que causam doenças.

Trecho do Rio Valão no município de São Gonçalo, estado do Rio de Janeiro, em 2016.

O que fazer com o lixo?

- O hábito de comprar coisas em exagero, sem necessidade, é chamado de **consumismo**.

- Os **5 Rs** representam as cinco palavras que indicam atitudes que podemos ter em relação à preservação do meio ambiente. As cinco atitudes são:
    - **Repensar** nossos hábitos de consumo.
    - **Recusar** produtos feitos com materiais que prejudicam o ambiente.
    - **Reduzir** a quantidade de lixo produzido.
    - **Reutilizar** objetos que seriam descartados.
    - **Reciclar** materiais de objetos descartados, transformando-os em outros objetos.

- **Coleta seletiva** consiste em separar os materiais recicláveis, os não recicláveis e o lixo orgânico.
    - Os **materiais recicláveis** são: papel, vidro, plástico e metal.
    - Os **materiais não recicláveis** são: adesivos, fotografias, papel higiênico sujo, papel engordurado, lâmpadas, espelhos, entre outros.
    - O **lixo orgânico** é composto por: restos de comida, folhas, flores e demais partes de plantas mortas, cinzas e aparas de madeira.

- Existem lixeiras próprias para depositar cada tipo de material descartado.

- Os materiais recicláveis devem ser destinados às usinas de reciclagem para serem transformados em novos produtos.

- O lixo orgânico deve ser separado para passar por um processo de decomposição natural chamado de compostagem.

- O **lixo eletrônico** é composto por: televisores, computadores, aparelhos de telefone fixos e celulares, baterias e pilhas que perderam a utilidade, entre outros.

- Os materiais que compõem o lixo eletrônico podem contaminar o ambiente, por isso os fabricantes devem disponibilizar pontos de coleta para eles.

Lixeiras para coleta seletiva. Cada tipo de material deve ser depositado na lixeira correspondente. A coleta seletiva facilita a reciclagem.

Atividades

1 Utilize as palavras do quadro a seguir para criar uma frase que explique o significado de recurso natural.

> natureza   recurso   necessidades   natural   pessoas

_____
_____

2 Liste três exemplos de recurso natural.

_____

3 Sobre os recursos naturais, responda às questões.

a) O que são recursos naturais renováveis?

_____

b) O que são recursos naturais não renováveis?

_____
_____

4 Pinte de verde os recursos naturais renováveis e de vermelho os recursos naturais não renováveis.

| solo | vegetação | energia solar |
| gás natural | cobre | níquel |

5 Observe o esquema e responda às questões.

Minério de ferro.   Aço.

Automóvel.

42

a) Qual é o recurso natural utilizado na produção de barras de aço?

_____

b) Qual é a principal matéria-prima utilizada na produção do automóvel?

_____

c) Como os recursos naturais são transformados em produtos?

_____

_____

6 Preencha a cruzadinha com as palavras que completam as frases.

a) A _____ é um recurso natural essencial para os seres vivos.

b) Quando as águas dos rios estão _____, podem comprometer o abastecimento e causar a morte de peixes.

c) É importante cuidar dos _____, evitando que suas águas sejam contaminadas.

d) É necessário evitar o _____ de água.

e) A água distribuída para a população precisa ser _____ antes de ser consumida.

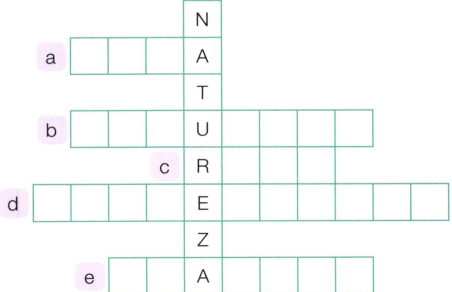

7 Descubra qual dos três caminhos é o correto para que a água limpa chegue às casas.

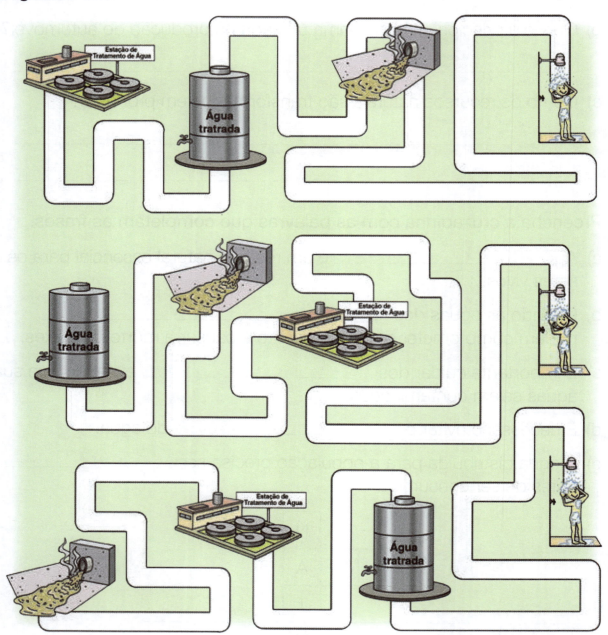

- Em sua opinião, em todas as moradias a água do esgoto é coletada e destinada às estações de tratamento?

_____
_____
_____

8 Como o desmatamento pode causar a extinção de espécies vegetais e animais?

_____

_____

_____

9 Complete o esquema com as palavras do quadro a seguir.

> descartados   desmatamento   contaminar   paisagem

Muitas vezes, para extrair os minerais, é necessário praticar o _____ ➜ alterando a _____ e a vida de muitos seres vivos.

Ao serem _____ no meio ambiente, os rejeitos da extração de minérios ➜ podem _____ os rios, destruir os solos e reduzir a biodiversidade.

10 As frases a seguir estão relacionadas a problemas ambientais comuns nas cidades. Escreva a que problema ambiental cada uma se refere.

a) Grande quantidade de poluentes lançada no ar pelos escapamentos de veículos e pelas chaminés das fábricas.

_____

b) Acúmulo de lixo e despejo do esgoto sem tratamento nos rios.

_____

c) Grande quantidade de cartazes e anúncios luminosos que são expostos nas ruas, nos muros e nos edifícios.

_____

d) Ruídos de buzinas, motores e máquinas.

_____

11 Observe a imagem e responda às questões.

a) Que tipos de poluição foram representados na imagem?

_____

b) Quais são as causas desses tipos de poluição?

_____

_____

c) As pessoas que vivem na cidade podem ser afetadas pela poluição do ar? Explique.

_____

_____

_____

12 Explique o significado de consumismo.

_____

_____

13 Complete o quadro com as palavras dos 5 Rs.

5 Rs
1 R_____
2 R_____
3 R_____
4 R_____
5 R_____

14 Marque com um **X** a frase que indica alguns povos e comunidades que utilizam os recursos da natureza sem causar grande impacto ambiental.

☐ Os migrantes e os moradores da cidade.

☐ Os quilombolas e os moradores da cidade.

☐ Os migrantes e os povos da floresta.

☐ Os quilombolas e os povos da floresta.

15 Classifique os materiais de acordo com a legenda a seguir.

R Recicláveis   NR Não recicláveis   O Orgânicos

- [ ] Lâmpada
- [ ] Flor
- [ ] Adesivo
- [ ] Folha de caderno
- [ ] Podas de árvore
- [ ] Garrafa PET

- [ ] Espelho
- [ ] Brinquedo de plástico
- [ ] Copo de vidro
- [ ] Apara de madeira
- [ ] Pilha
- [ ] Papel higiênico sujo

16 Classifique cada frase a seguir em verdadeira (**V**) ou falsa (**F**).

- [ ] Televisores, computadores, roupas e brinquedos de madeira compõem o que chamamos de lixo eletrônico.

- [ ] Alguns materiais presentes no lixo eletrônico podem contaminar o meio ambiente e causar problemas à saúde das pessoas.

- [ ] Os fabricantes de produtos eletrônicos não devem disponibilizar pontos de coleta para o descarte desses produtos.

- Reescreva as frases falsas, corrigindo-as.

_____

_____

_____

_____

_____